AF479449

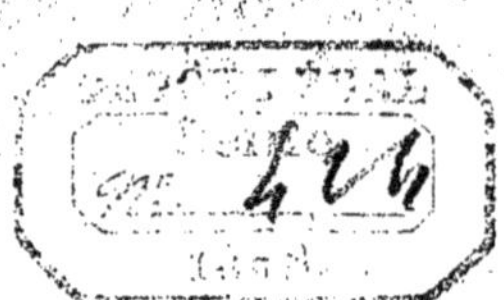

LETTRE

SUR UN

VOYAGE DANS LA PARTIE MÉRIDIONALE DU SAHARA

DE LA PROVINCE D'ALGER,

PAR

M. le Docteur V. REBOUD.

Extrait du *Bulletin de la Société Botanique de France.*

Séances du 24 avril et du 8 mai 1857.

Djelfa, 25 février 1857.

J'arrive d'Ouargla, le Tombouctou de l'Afrique française. Grâce à la bienveillance de M. le commandant Margueritte, j'ai pu voir enfin la vaste plaine saharienne nommée *heicha*, bas-fond où se jettent l'Oued En-Nsa, l'Oued Mzab, l'Oued Mia et d'autres torrents inconnus : la *heicha* est coupée de dunes ; çà et là s'y élèvent des pitons isolés et s'y rencontrent des *sebkha* ; à l'ouest, elle est bordée par des plateaux, et vers le nord par une ligne de crêtes dentelées d'environ 100 mètres de hauteur. Au milieu des sables sont construites les villes de Negouça et d'Ouargla qui, jusqu'au 1er janvier 1857, n'avaient jamais été visitées par de véritables colonnes d'infanterie et de cavalerie françaises.

La colonne de Laghouat, sous les ordres de M. Margueritte, s'est mise en marche le 18 décembre 1856, en emportant avec elle 35,000 litres d'eau, et s'est dirigée par Ras Nili, le col de Mahdjez, les puits de Balloh et l'Oued Adira, sur la ville de Gardaïa, chef-lieu de la confédération de l'Oued Mzab. Elle est entrée dans cette ville, le 23, par la grande avenue de l'oasis, dont les trois étages de verdure sont formés par des arbres fruitiers, des vignes grimpantes et les cimes de 60,000 dattiers. De là, après avoir visité les villes pittoresques de Beni-Isguen, de Melika, de Bounoura, et avoir renouvelé à El Atof nos provisions d'eau, nous avons longé la vallée de l'Oued Mzab jusqu'à Anit el Moktar ; là, vers une vaste dilatation de l'oued, nous sommes entrés dans la partie du Guentras que de petites et nombreuses dépressions du sol ont fait nommer *chechia* (calotte), et bientôt

nous avons aperçu au loin la masse conique de l'Argoub de Melela. La végétation persistante, observée jusque-là dans la région des Dahias, dans les ravins de la *sebkha* et sur les plateaux, se composait des plantes suivantes :

Farsetia ovata et linearis. *Felfela.*
Zilla macroptera. *Chebrog.*
Henophyton Deserti.
Helianthemum sessiliflorum. *Semahari.*
Capparis ovata. *Kebar.*
Haplophyllum tuberculatum. *Feïgel.*
Zizyphus Lotus.
Pistacia Atlantica. *Betoum.*
Retama Rætam. *Retem.*
Genista Saharæ. *Hega.*
Anthyllis Numidica. *Guendoule.*
Psoralea plicata.
Gymnocarpus decandrus. *Igiefna.*
Deverra scoparia. *Guesa.*
Rhanterium adpressum. *Harfedj.*

Anvilléa radiata.
Asteriscus graveolens.
Artemisia Herba-alba. *Chihh.*
Artemisia campestris. *Tegoufet.*
Antirrhinum ramosissimum. *Guethem.*
Marrubium Deserti. *Yaïda.*
Calligonum comosum. *Larta.*
Caroxylon articulatum. *Remt.*
Anabasis articulata. *Belbel.*
Salsola... *Hadjirem.*
Passerina microphylla. *Metnan.*
Ephedra alata. *Alenda.*
Lygeum Spartum. *Senag.*
Stipa tenacissima. *Alfa.*
Parmelia esculenta, etc.

Vers Khoua el Atrous, un peu au delà d'Anit el Moktar, j'ai rencontré deux autres espèces, l'*Anthyllis sericea* (Ghesedir) (1), et un *Fagonia* (Choreïk) dont le tronc ligneux mesure 2 décimètres de hauteur et 12 centimètres de circonférence ; je n'ai pu trouver qu'une seule fleur de cet arbuste dont les nombreuses touffes donnent au plateau un aspect particulier.

Le 30, en quittant le Guentras, nous avons admiré le magnifique panorama qui s'étendait devant nous éclairé par les rayons du soleil levant, et, vers midi, nos tentes s'élevaient sous les dattiers de Negouça, capitale ruinée des Ben Babia, à côté du marabout de Sidi Ali Palloul. Le 31, les officiers sont allés à la rencontre des colonnes de Bouçada, de Biskra et de Batna, commandées par M. le colonel Pein et M. le général Desvaux, qui a bien voulu s'intéresser à mes recherches. L'Oasis de Negouça, qu'entourent en partie quelques dunes élevées, et dont le sol se couvre d'efflorescences salines, renferme 70 ou 80,000 dattiers, sans compter ceux qui, sous le nom de *djali* (isolés), sont épars dans le sable à 4-5 kilomètres de la ville. Negouça possède 25 puits artésiens d'une profondeur de 50 mètres, coffrés en troncs d'arbres et en tout semblables à ceux de Tuggurt dans l'Oued Rir. L'eau amère et salée se déverse sans cesse dans des fossés profonds et étroits et sert à l'arrosement des dattiers. Le thermomètre, plongé à plusieurs reprises et à des profondeurs différentes dans l'eau des puits, marquait +23°, l'air extérieur étant à +9°, à huit heures du matin. Les habitants, qui ont la couleur et quelques traits de la race nègre, cultivent en dehors de la ville, et dans le sable, de chétifs arbres fruitiers, des légumes, le Coton, le Tabac et une Luzerne qui m'a paru différer du *Medicago sa-*

(1) Étain, ainsi nommé à cause de la pubescence argentée des feuilles.

tiva. Ces jardins sont arrosés au moyen de puits non artésiens peu profonds et dont l'eau, moins saumâtre, versée d'abord dans un bassin situé au-dessus du sol, se répand dans les petits carrés ensemencés, où elle est dirigée par une rigole enduite de chaux et creusée dans la partie supérieure d'une très étroite chaussée en terre. Pour extraire l'eau des puits, les indigènes se servent du système de levier connu en France sous le nom de chèvre. Autour de l'oasis j'ai observé les plantes suivantes : *Henophyton Deserti* (Halga), *Cleome Arabica* (Netine), *Zygophyllum Geslini* (Bougreba), *Retama Rœtam* (Retem), *Nitraria tridentata* (Hardig), *Limoniastrum Guyonianum* (Zeita)(1), *Salsola* sp. (Beguel), *Caroxylon tetragonum* (Harmek), *Euphorbia Guyoniana* (Lebine), *Arthratherum pungens* (Drine), *Phragmites communis* (El Rah), etc. Dans l'Oasis même, j'ai remarqué sur les bords des fossés et des rigoles les *Tamarix Gallica, Sonchus maritimus, Samolus Valerandi, Cressa Cretica, Æluropus littoralis, Cynodon Dactylon* (Ngem), *Setaria verticillata, Phragmites communis ;* une plante, qui m'est inconnue, remplissait les rigoles de ses tiges desséchées.

Le 1er janvier 1857, les trois colonnes, composées de nombreux escadrons de chasseurs d'Afrique, de hussards, de spahis, des goums et de plusieurs bataillons de bonne infanterie, se sont dirigées vers Ouargla, à travers des dunes et des terrains salés, et sont venues camper près de Bab Rebéa, dans une vaste plaine dépourvue de végétation. Le 2, un groupe d'officiers a accompagné M. le général Desvaux dans l'intérieur de la ville, dont les nombreuses maisons, agglomérées et contiguës, forment un ensemble régulier percé de rues longues et étroites. Sur les murs de beaucoup de ces maisons bâties en terre et en pierre à plâtre (timehend), et revêtues d'un crépissage, on pouvait lire la date de leur construction et un verset du Coran écrits en caractères saillants. Au-dessus des portes basses et à angles arrondis, existent de grossiers dessins formés de lignes droites qui se coupent d'une manière plus ou moins oblique ; dans les vides qui séparent ces lignes on voyait briller, sous les rayons d'un pâle soleil, des bols et des tasses en faïence bleue, fixés dans le mur. Des trois mosquées d'Ouargla je n'ai visité que celle de Lella Aza, où les Mzabites de l'endroit vont à la prière ; du haut de son minaret élevé, j'ai pu embrasser d'un coup d'œil la ville entière et les 150,000 dattiers qui l'entourent d'une immense ceinture de verdure. L'air était pur et tiède, +18° à midi et +14° à cinq heures du soir. L'hirondelle des fenêtres, que je voyais pour la première fois dans le Sahara, rasait les blanches terrasses des maisons, où quelques femmes, au teint noir et vêtues d'étoffe bleue, tournaient leurs fuseaux chargés de laine. Le même jour, nous avons visité le petit village de Nouissat, où le chérif

(1) Les Sahariens lui donnent ce nom parce que les nombreuses galles qui se développent sur ses branches ressemblent à de grosses olives.

d'Ouargla, surnommé le Tlemçani, s'était fait construire une kasba aujourd'hui en ruines. Cette promenade m'a permis d'étudier la végétation de l'oasis et des clairières que nous avons traversées Je n'y ai vu que le *Zygophyllum Geslini* qui s'y montre en abondance et avec un beau développement ; cependant près de Bab Rebéa , j'ai recueilli les feuilles radicales d'un *Statice*, le *Chenopodina maritima*, et des rameaux d'un *Tamarix* sans fleurs ni fruits. Il m'a été impossible de visiter les autres villages situés autour d'Ouargla ; la végétation ne doit pas du reste y être différente.

Le 3, avant la grande revue qui devait se terminer par des courses à pied et à cheval et un tir à la cible, je suis allé reconnaître le Djebel Krima, un des pitons isolés qui s'élèvent dans la plaine à quelques lieues d'Ouargla. Le Djebel Krima est constitué par une terre rougeâtre semblable à du sable durci par l'action des eaux, et mêlée de galets et de concrétions gypseuses que l'on prendrait pour de longues tiges pétrifiées ; la partie supérieure de ce piton est ondulée ; on y trouve du silex et il y croît de maigres touffes de *Traganum nudatum* (Zoumeran), près des ruines d'une ville mzabite, et autour de l'orifice béant d'un puits profond et sans eau. Dans le trajet d'Ouargla au Djebel Krima j'ai observé, aux abords de l'oasis, non loin de Bab Soltan, le *Zygophyllum Geslini* si répandu dans la *heicha*, et vers la montagne le *Limoniastrum Guyonianum*, l'*Arthratherum pungens* et le *Retama Rœtam.*

Les habitants d'Ouargla sont noirs comme ceux de Negouça ; les jardins, les cultures et les puits ne diffèrent pas sensiblement de ceux de cette dernière localité. Les environs d'Ouargla sont, sur quelques points, couverts de marécages et de *sebkha* ; c'est de là sans doute que provenaient les belles tables de sel cristallisé que des femmes des Chaamba Bou Rouba ont apportées au bivouac des goums de la colonne de Laghouat.

Le 4, les colonnes se sont séparées et ont pris chacune une route différente ; la nôtre est revenue sur ses pas, laissant à droite l'Oasis de Negouça, et s'est arrêtée le soir à Douïba près de l'embouchure de l'Oued Mzab. Le lendemain, après avoir visité Hassi Naga et Hassi Chegga, elle est venue conduire les chameaux affamés du convoi dans les pâturages de l'Eugla de Khefîfe, à l'extrémité d'une pointe que la *heicha* fait dans les plateaux. Les puits de Khefîfe sont au nombre de seize et servent à l'irrigation de quelques champs cultivés par des gens de Hadjeira. L'eau saumâtre de ces puits était à +17°, l'air extérieur étant à +20° par un léger vent d'ouest. Depuis notre départ d'Ouargla nous avions longé les bords de la *heicha*, ayant près de nous, à notre gauche, la ligne des plateaux : dans les parties sablonneuses les *Limoniastrum Guyonianum*, *Caroxylon tetragonum* et *Retama Rœtam* forment de hautes touffes ; les chaumes robustes et presque ligneux de l'*Arthratherum pungens* y atteignent 2 mètres de haut ; la graine de cette

Graminée est recueillie par les Chaamba, qui en font de la farine pendant les années de disette : M. le général Daumas, dans son ouvrage sur le Sahara Algérien, parle quelquefois de cette plante, dont la graine est nommée Loul par les indigènes.

Autour des puits de Khefife, M. le commandant Margueritte m'a fait remarquer un petit bois formé de deux espèces de *Tamarix*, dont l'une surtout attire l'attention par la grandeur de ses fleurs et la grosseur de ses fruits rouges (*T. pauciovulata*); on y trouve mêlées au *Traganum nudatum*, à l'*Henophyton Deserti*, au *Cornulaca monacantha*, etc., les touffes vertes d'un petit arbuste nommé Souïd ou petit noir (*Suœda vermiculata*); ses feuilles ovoïdes, cylindriques, caduques, gorgées de sucs aqueux, noircissent par la dessiccation sur pied et sur la terre, et donnent le plus sombre aspect au pays qu'elles couvrent; c'est là que, pour la première fois, j'ai pu en recueillir des échantillons en fleur et constater la dureté extrême des tiges. On extrait du *Suœda vermiculata* et du *Zygophyllum Geslini*, par incinération, un carbonate de soude et de potasse, nommé *trouna* par les gens de l'Oued Souf, qui l'emploient, ainsi que le *Rosmarinus officinalis* (Khelil), pour la préparation du tabac qu'ils vendent dans les villes du Sahara Algérien : le Khelil est apporté des montagnes de la province de Constantine.

Le 6, la colonne a regagné les plateaux et suivi les sentiers bien connus des caravanes qui se rendent de Negouça à Guerrara ; ces plaines élevées, hérissées de cailloux anguleux, ne m'ont guère offert, comme plantes dignes d'être mentionnées, que l'*Erythrostictus punctatus* (Keikout), commun dans cette partie du Sahara avec le *Savignya longistyla* (Goulglane), le *Deverra chlorantha* et un *Arthratherum* (Bou Rouicha). La saison peu avancée et la sécheresse qui fait encore sentir ses terribles effets sur les riches troupeaux du cercle de Laghouat, m'ont empêché de trouver en fleur deux plantes bulbeuses, dont l'une a de longues feuilles étroites contournées en spirale. Vers trois heures du soir, nos tentes étaient dressées dans le lit de l'Oued En-Nza, à quelques kilomètres en aval du rocher où l'on remarque les ruines de la Couba de Sidi Abdallah el Mnéi. La riche végétation arborescente de ce bivouac nous a permis de célébrer dignement le 6 janvier, en allumant de grands feux en l'honneur du roi de la fève. En effet, dans les parties basses de la rivière s'élèvent d'énormes *Tamarix articulata* (Ethel), avec lesquels croissent les *Ephedra alata, Calligonum comosum, Rhanterium adpressum, Cornulaca monacantha,* Anabasis *articulata, Antirrhinum ramosissimum, Psoralea plicata, Francœuria crispa* et le *Zilla macroptera* (Chebrog), qui donne son nom au lieu du bivouac, appelé Anit el Chebrog. L'Oued Mzab ne paraît pas avoir de végétation arborescente. D'El Atof à Anit el Moktar je n'ai rencontré que le *Retama Rœtam* avec quelques rares pieds de *Tamarix Gallica* et *articulata*, de *Pistacia Atlantica*, de

Rhus oxyacanthoides, arbres qui abondent dans le lit de l'Oued En-Nza, placé plus au nord et plus riche en *redirs;* c'est de là que les menuisiers de Guerrara tirent le bois dont ils se servent pour leurs travaux, du reste peu considérables.

Le 8, après avoir un instant remonté le lit de la rivière, la colonne a gravi les berges de la rive gauche et repris les sentiers qui serpentent sur un sol formé de poudingue rougeâtre et que recouvre plus loin une légère couche de sable. Après une course pénible, pendant laquelle nous avons eu à souffrir du souffle assez fort d'un vent de nord-ouest, nous sommes allés coucher à quelques lieues de Guerrara, où nous étions rendus le lendemain de bonne heure, après avoir franchi le col de Feila.

En traversant les plateaux qui séparent Guerrara de l'Oued En-Nsa, j'ai observé le *Fagonia* ligneux que j'avais déjà rencontré près d'Anit el Moktar, avec les *Rhanterium adpressum, Henophyton Deserti, Helianthemum sessiliflorum, Anthyllis sericea, Anabasis alopecuroides.* — C'est pour la troisième fois que ma tente est dressée dans le bas-fond de Guerrara, où l'on a choisi pour bivouac la plaine au bas de laquelle est située la Couba de Sidi Abdallah Bou Attatcha, près des jardins et non loin d'une haute porte couronnée de créneaux et de mâchicoulis.

La ville de Guerrara, qui renferme 700 maisons, est assise sur un rocher arrondi, dont le sommet est occupé par la Djema et ses dépendances; les rues, assez larges, pleines de flocons de laines et de morceaux de tissus indigènes, coupent la ville régulièrement; on y voit quelques marchands de fruits du pays, dont les boutiques sont à moitié remplies de noyaux de dattes. De la galerie à arcades de la maison des hôtes (bit el diaffs), qui est construite dans la partie la plus élevée de la grande place, on découvre le bassin où se perd l'Oued Zegrir et où commence l'Oued Zeguiègue; de là la vue s'étend également sur l'oasis entière qui renferme 20,000 dattiers, sur la petite plaine de Foulla couverte de petits champs de Navets, de Carottes, d'Orge, etc., sur le barrage qui amène les eaux dans les fossés des jardins et sur les dunes dont les croupes mobiles ondulent au midi; çà et là quelques blancs marabouts couronnent les points culminants des environs de la ville.

Voici la liste des plantes observées autour de Guerrara pendant les trois séjours que j'y ai faits à des époques à peu près semblables :

Hypecoum procumbens *var.* glaucescens.	Cleome Arabica.	Astragalus Gombo.
Matthiola livida.	Helianthemum sessiliflorum.	Tamarix articulata.
Henophyton Deserti.	— ellipticum.	Paronychia argentea.
Sisymbrium Irio.	Haplophyllum tuberculatum.	Eryngium ilicifolium.
Capsella Bursa-pastoris.	Retama Rætam.	Deverra scoparia.
Alyssum Libycum.	Anthyllis sericea.	Scabiosa camelorum.
Zilla macroptera.	Medicago laciniata.	Rhanterium adpressum.
	Psoralea plicata.	Anvillea radiata.

Francœuria crispa.	Anabasis articulata.	Scirpus Holoschœnus.
Asteriscus graveolens.	Cornulaca monacantha.	Schismus calycinus.
Heliotropium undulatum.	Echinopsilon muricatus.	Arthratherum pungens.
Lithospermum callosum.	Calligonum comosum.	— plumosum.
Antirrhinum ramosissimum.	Ephedra alata.	— — *var.* floccosum.
Verbena supina.	Erythrostictus punctatus.	
Plantago Psyllium.	Cyperus rotundus.	

En 1856, sur les talus des jardins, de jeunes pousses couvraient de leurs feuilles naissantes le sol encore humide des pluies de décembre ; en 1857, par suite du manque de pluie, les jardins de Guerrara étaient d'une extrême aridité. — Les puits des villes du Mzab sont profonds et très nombreux ; on en trouve quelques-uns dans chacune des villes, les autres sont dans les jardins ; l'eau qu'on en tire est potable et de bonne qualité ; l'analyse en a été faite par M. Ville, ingénieur en chef des mines de la province d'Alger, sur les échantillons que j'en ai rapportés en 1856.

De Guerrara, la colonne s'est rendue à Becheraïa, sur l'Oued Zegrir, en trois jours d'une marche pénible dans un pays ondulé, semé de cailloux irréguliers et tranchants. — La vallée de l'Oued Zegrir est resserrée entre de hautes berges mamelonnées, formées de rochers disposés en gradins. Sur les bords du redir profond, qui l'année précédente était couvert d'une riche végétation herbeuse, se rencontrent des *Pistacia Atlantica* au tronc noueux et des touffes de *Tamarix articulata* jusqu'au sommet desquelles s'élève l'*Ephedra altissima* (Bou Farag) aux tiges volubiles ; le *Rhamnus lycioides* y forme des buissons et remplace le *Rhus oxyacanthoides* ; c'est la première fois que j'observe cette espèce dans des parties profondes de la région des dahias ; j'ai également observé dans les broussailles les feuilles radicales et les hautes tiges sèches d'un *Crambe* (*C. Kralikii* Coss. sp. nov.) que j'avais déjà rencontré sur les bords de l'Oued En-Nsa ; le *Fœniculum officinale*, le *Lygeum Spartum* croissent avec quelques autres plantes aux bords des redirs. —A un kilomètre de Becheraïa, sur les crêtes qui dominent une vaste dépression circulaire, véritable cuvette sans communication avec les oueds et les dahias voisins, j'ai noté les plantes suivantes qui poussent au milieu des pierres et dans les fentes des rochers :

Matthiola... *Semna.*	Plantago ciliata. *Edena.*
Moricandia suffruticosa. *Begir.*	Caroxylon articulatum. *Remt.*
Carrichtera Vellæ. *Agrima.*	Salsolacée... *Hadjerem.*
Erodium hirtum. *Temere,* dont nos guides connaissaient les tubercules comestibles.	Arthratherum obtusum. *El Ouedfe.*
	— ciliatum.
Fagonia Sinaica? *Choreik.*	Andropogon laniger. *Bou Requeba.*
Scorzonera undulata. *El Guise.*	Stipa... *Sama.*

Au pied du coteau, j'ai rencontré les *Eruca sativa, Rhus oxyacanthoides, Gymnocarpus decandrus, Deverra scoparia, Artemisia Herba-alba, Asphodelus fistulosus, Stipa tortilis,* etc.

Au lieu de regagner Laghouat par l'Eugla de Medaguin, nous avons fait une pointe à l'est à travers les dahias de Metouilat, de Jaëha, d'Oum Khecheba, d'Oum el Reneb, de Talla ben Zeguir, de Megrounat-Begeleidat, de Djebel el Guern, d'Aïssa ben Baaze, de Khéiber, de Khouiba, d'El Kerch, etc., où dominent les :

Senebiera lepidioides.	Francœuria crispa.	Anabasis articulata.
Tribulus terrestris.	Achillea Santolina.	Caroxylon articulatum.
Haplophyllum tuberculatum.	Artemisia Herba-alba.	Polygonum equisetiforme.
Zizyphus Lotus.	— campestris.	Emex spinosa.
Pistacia Atlantica.	Arnebia decumbens.	Euphorbia cornuta.
Retama Rætam.	Salvia lanigera.	Ephedra altissima.
Trigonella anguina.	Teucrium campanulatum.	Lygeum Spartum.
Anvillea radiata.	Statice Bonduellii.	

Dans notre trajet à travers la dahia de Khéiber, j'ai trouvé, dans les branches creuses d'un vieux *Pistacia Atlantica*, une substance résineuse noirâtre (Semac) en partie soluble dans l'eau et dont les tolbas se servent pour la préparation d'une encre jaunâtre que vous pourrez apprécier par le spécimen ci-joint (1). Sur les troncs de ces arbres, si précieux pour l'ombrage qu'ils offrent au milieu de ces plaines découvertes, j'ai récolté quelques beaux échantillons du Seura ou Polypore du *Pistacia Atlantica*.

Le 23, nous avons remonté le cours de l'Oued el Atar, l'un des principaux torrents secondaires du Sahara algérien et nous avons pris la direction de Messad. Parvenus sur les hauteurs d'El Mafoura, grand ravin de l'Oued Djedi, nous avons découvert distinctement le massif du Djebel Bou Kahil, où se cache le Ksar Amoura. Le 26 nous sommes rentrés à Laghouat par la grande et fertile plaine de Ksar el Haïran.

Notre voyage a duré 40 jours ; pendant ce temps nous n'avons vu tomber qu'une légère pluie ; nous eussions bien voulu cependant assister au spectacle d'une grande crue de l'Oued Mzab ou de l'Oued En-Nsa, et voir les démonstrations de joie auxquelles se livrent les populations du Mzab dans ces circonstances malheureusement trop rares. Nous avons eu, au contraire, la douleur de rencontrer, dans les terres de parcours des tribus du cercle, des centaines de cadavres de jeunes agneaux abandonnés, parce que les mères pressées par la faim et la soif ne pouvaient les allaiter.

La température, généralement douce pendant la journée, se montrait froide la nuit et surtout le matin ; le thermomètre est descendu plusieurs fois à —3° et —4° et j'ai vu deux fois de la glace dans ma tente. Les troupes cependant n'ont pas eu à souffrir, ayant du bois à discrétion dans les lieux mêmes du bivouac. — Le vent de nord-ouest, qui a longtemps soufflé, n'a

(1) Plusieurs paragraphes de la lettre de M. Rebond sont écrits avec cette encre naturelle, d'un brun roussâtre, qui a l'inconvénient de s'enlever par le lavage.

(Note de M. Cosson.)

occasionné que de légères ophthalmies déterminées par le sable fin qu'il soulevait.

Nos provisions ont toujours été abondantes ; le Sahara algérien, tout désert qu'il est pour certaines personnes, nous a offert de splendides *diffa* de dattes, de gazelles, d'arouis (moufflon à manchettes), de lièvres, d'outardes, de perdrix, de gangas, de pigeons, de tourterelles, d'alouettes, de traquets, de crateropes (*Malurus Numidicus*), de pies de Numidie, de pies de Le Vaillant, de pies-grièches, de bouvreuils roses, de moineaux des dattiers, de bruants saharis. Nous y avons également rencontré des fenecs (renard d'Abyssinie), des feeds (espèce d'once ou de guépard), des lynx, des chacals, des chats de Libye, etc. Les faucons et les fusils de quelques chasseurs que vous connaissez ont fait merveille.

En somme nous avons fait notre voyage d'Ouargla, éloigné de la côte d'Alger de plus de 200 lieues, avec autant de facilité que nous en eussions eu à venir de Boghar à Laghouat. J'étais de retour à Djelfa le 31 janvier, et, comme d'habitude à cette époque, le Djebel Senalba et le Seba Mokhan étaient couverts de neige.

.... Je crois qu'il n'est pas sans intérêt de vous donner la liste des diverses variétés de Dattier cultivées dans le Mzab, avec l'indication de l'époque à laquelle est pratiquée la fécondation, de celle de la maturité des fruits et du nombre d'années après lesquelles les arbres portent des fruits.

Noms des variétés.	Fécondation.	Maturité des fruits.	Nombre d'années.
Deglet nor.	Avril.	Octobre.	5
Timdjorts (datte perle).	—	—	5
Tedela.	—	—	4
Bent-Kebela (fille bien reçue)	—	—	4
El Itima (l'orpheline)	—	—	5
Zerza	—	Novembre.	4
Timboubeker.	—	Octobre.	5
Heucht.	—	—	4
Tazizaout	—	—	5
Touadjate	—	Septembre.	4
Tedmema	Mars.	Août.	4
Tamzouert.	—	—	6
Ghars	—	Septembre.	9
Kassi ben Moussa.	Avril.	Octobre.	5
Deglet mamar.	Mars.	Août.	4
Taouraga Sfraia	Avril.	Octobre.	5
Tiscouine	—	—	6
Tasougaret el Hamra	—	—	5
Tamzouert el tleta.	—	—	5
Deglet iaia	—	—	4

Noms des variétés.	Fécondation.	Maturité des fruits.	Nombre d'années.
Deglet Koula.	Avril.	Octobre.	5
Kerbouch (ronde)	—	—	4
Kseba	—	—	5
Bou arous (père du fiancé)	—	—	6
Hadjouzil	—	—	5
Timleha	—	—	5
Tibiourine.	—	—	5

A peu d'exceptions près, ces mêmes noms se retrouvent pour les diverses variétés de Dattier de l'oasis de Laghouat. — On sait que les dattes de cette oasis sont de qualité bien inférieure à celles du Mzab et de l'Oued Rir. Berrian est peut-être la ville de la confédération du Mzab où les dattes sont le plus généralement de bonne qualité. — Le nombre des dattiers de l'oued Mzab ne paraît pas dépasser 120 à 130,000.

LISTE DES PLANTES OBSERVÉES PAR M. LE Dr REBOUD DANS LE SAHARA ALGÉRIEN, PENDANT L'EXPÉDITION DE 1857 DE LAGHOUAT A OUARGLA, par **M. E. COSSON**.

NOTOCERAS Canariense R. Br. — Région des dahias : Oued Mazer, Berrian.

FARSETIA Ægyptiaca Turr. s.-v. *ovalis* (*F. ovalis* Boiss.). — Chebka du Mzab : Saïd ben Ali, Beni Isguen ; Oued En-Nsa : Besseroudj, Mguima, Anit el Chebrog ; Anit el Moktar sur l'Oued Mzab.

— linearis Dcne. — Oued En-Nsa : Besseroudj, Mguima, Anit el Chebrog.

ALYSSUM Libycum (*Koniga Libyca* R. Br. — Oasis du Mzab : Gardaïa, Berrian, el Atof, Guerrara.

CAPSELLA Bursa-pastoris Mœnch. — Guerrara.

BISCUTELLA Apula L. — Région des dahias : Daït bel Lille, Tilremt.

MALCOLMIA Ægyptiaca Spreng. (*Hesperis diffusa* Dcne var. *siliquis longioribus*). — Gardaïa.

SISYMBRIUM erysimoides Desf. — Dahia de Khéiber ; oasis de Gardaïa.

SINAPIS arvensis L. — Oasis de Gardaïa.

HIRSCHFELDIA adpressa Mœnch. — Redir de Becheraïa sur l'Oued Zegrir ; Oued el Atar ; Tilremt.

HENOPHYTON Deserti Coss. et DR. (*Henonia Deserti* Coss. et DR. olim). — Oued Mzab : Bordj Chaba à Gardaïa, barrage d'El Atof, Feidj el Naam, dunes de Zolfana ; dans la héicha à Negouça et à Kkefife ; sur les plateaux entre l'oued En-Nsa et Guerrara.

ZILLA macroptera Coss. — Oued et bas-fonds de la Chebka du Mzab : Oued Ourirlou, Oued Maboula, Oued Adira, Oued Soudan ; Oued Mzab : Debaï, Hadjar Lasereg, Anit el Moktar ; Oued En-Nsa : Besseroudj, Requeb el Mguima, Anit el Chebrog ; dans la héicha entre Negouça et Ouargla ; Guerrara ; région des dahias : Aïssa ben Baaze.

HUSSONIA Ægiceras Coss. et DR. (*H. uncata* Boiss.). — Dahias au-dessus de Guerrara ; Berrian.

CLEOME Arabica L. — Oued Mzab : Beni Isguen, Guerrara ; Berrian, etc.

CAPPARIS spinosa L. *var.* canescens (*C. ovata* Guss.). — Melika; Bounoura, Beni Is-guen; el Atof.

HELIANTHEMUM ellipticum Pers. — Guerrara.

— Cahiricum Delile! — Dans la chechia vers Khoua el Atrous au milieu des touffes d'*Anthyllis sericea*.

SPERGULARIA prostrata (*Alsine prostrata* Delile!) — Coteaux calcaires à Cedret en Tala sur l'Oued Adira; Berrian.

ERODIUM hirtum Willd. — Rochers près du redir de Becheraïa sur l'Oued Zegrir; Eugla de Medaguin.

— cicutarium L'Hérit. — Dahia de Tala Ben Seguir: Tilremt.

— malachoides Willd. — Berrian.

— guttatum Willd. — Dahia de Aïssa ben Baaze.

FAGONIA (fruticosa, absque floribus fructibusque). — Rive gauche de l'Oued Mzab entre Khoua el Atrous et Khoua el Ioudi; rive gauche de l'Oued En-Nsa le long des sentiers qui mènent de Negouça à Guerrara.

ZYGOPHYLLUM Geslini Coss. (Z. sp. nov.? olim). — Dans la héicha: Hadjira, Khefife, Hassi Naga, Hassi Chegga, Negouça; forme toute la végétation spontanée de l'oasis de Ouargla.

HAPLOPHYLLUM tuberculatum Adr. de Juss. — Oasis de Bounoura et de Guerrara; Oued Mzab vers el Debaï; couvre la grande Dahia el Guelb.

PEGANUM Harmala L. — Gardaïa.

RHAMNUS lycioides L. — Redirs de l'Oued Zegrir près de Becheraïa; Oued Ikel affluent de l'Oued Zegrir.

RETAMA Rætam Webb! (R. Duriæi *var.* phæocalyx Webb! ap. Balansa exsicc.). — Dahias; Chebka du Mzab; Oued Mzab; Oued En-Nsa; plaine de la héicha près de Ouargla.

GENISTA Saharæ Coss. et DR. — Oued En-Nsa: Anit el Chebrog à Kef Rokma; Oued Mzab: Khef Dokhan à Debaï, Hadjar Lasereg, Anit el Moktar, etc.

ARGYROLOBIUM uniflorum Jaub. et Spach. — Chebka du Mzab près de Berrian; Oued En-Nsa: Mguima; Oued Mzab: Kef Dokhan.

ONONIS angustissima Lmk. — Dans la chebka du Mzab vers l'Oued Adira; Bounoura; Berrian.

ANTHYLLIS sericea Lagasc. — Dans la chechia vers Khoua el Atrous.

— tragacanthoides Desf.! — Rochers entre Bounoura et Beni Isguen.

MEDICAGO apiculata Willd. — Champs des oasis du Mzab.

— laciniata All. — Guerrara.

TRIGONELLA anguina Delile! — Dahia d'Aïssa ben Baaze.

PSORALEA plicata Delile! — Chebka du Mzab: Oued Soudan; Oued En-Nsa: Besseroudj; Oued Mzab: entre Debaï et Hadjar Lasereg; Guerrara; Dahia de Feïla près Guerrara.

ASTRAGALUS Gombo Coss. et DR. — Oued Mzab: Debaï; el Atof; Guerrara, etc.

CUCUMIS Colocynthis L. — Guerrara (abondant).

TAMARIX Gallica L. — Eugla de Khefife au-desssus de Negouça.

— articulata Vahl. — Bords de l'Oued En-Nsa depuis Mguima jusqu'à Anit el Chebrog; Dahia de Feïla près Guerrara.

— pauciovulata J. Gay! — Eugla de Khefife au-dessus de Negouça.

Herniaria fruticosa L. — Rochers au-dessus de l'oasis de Bounoura.

Lœflingia Hispanica L. — Berges rocailleuses de l'Oued En-Nsa vers le Kef el Rokma.

Nitraria tridentata Desf.! — Negouça.

Eryngium ilicifolium Lmk. — Entre Gardaïa et Melika; Bounoura; Guerrara; Dahia de Tilremt.

Fœniculum officinale All. — Chebka du Mzab : Becheraïa sur l'Oued Zegrir; Oued En-Nsa : Meguel el Kéhol.

Deverra scoparia Coss. et DR. — Oued Kébeh; Oued Baloh; Oued Soudan; Oued Adira; Oued En-Nsa : Besseroudj; Oued Mzab : Chouikhat, Feidj el Naam, Hadjar Lasereg; Guerrara; Berrian.

Cynomorium coccineum L. — Oued el Atar.

Nolletia chrysocomoides Cass. — Oued Mzab : Melika, Bounoura, Beni Isguen.

Rhanterium adpressum Coss. et DR. — Guerrara; plateau entre Guerrara et l'Oued En-Nsa; abondant sur les bords de l'Oued En-Nsa depuis Kef el Rokma jusqu'à Anit el Chebrog; Oued Mzab : Feidj el Naam, Anit el Moktar, etc.

Francœuria crispa Cass. — Oued En-Nsa : Guerrara; région des Dahias : Oued Seiboussa, Oued Mazer, Tilremt, Dahia el Guelb près de l'Oued el Atar.

Asteriscus pygmæus Coss. et DR. (*A. aquaticus* var. *pygmæus* DC.!) — Chebka du Mzab.

Pallenis spinosa Cass. *var.* (*Buphthalmum aureum* Salzm.!). — Redir de l'Oued Zegrir à Becheraïa.

Anvillea radiata Coss. et DR. — Dahia d'Aïssa ben Baaze; Dahia de Megrounat; Begleidat; Khéiber; Oued En-Nsa; Oued Mzab; Guerrara.

Achillea Santolina L. — Dahia de Khorba, de Koulioum dans le bassin de l'Oued Djedi; Dahia de Tilremt.

Artemisia Herba-alba Asso *var.* — Très abondant dans les dahias; Bounoura; Oued En-Nsa : Besseroudj, Mguima; Oued Mzab : Kef Dokhan au-dessous d'El Atof.

Leyssera capillifolia DC. (*Gnaphalium leysseroides* Desf.!). — Oasis de Bounoura.

Calendula gracilis DC. — Oued Mazer.

Atractylis citrina Coss. et Kr. (*A. flava* Coss. et DR. olim non Desf.). — Chebka du Mzab : Cedret en Talla, Oued Adira, El Atof; Oued Mazer, etc.

Centaurea Melitensis L. (*C. Apula* Lmk). — Oued el Atar.

Kentrophyllum lanatum DC. — Région des dahias : Oued el Atar, Oued Seiboussa, Megrounat, Begeléidat, Djebel el Guern, Oum el Reneb.

Carduncellus eriocephalus Boiss. — Oued Zeguiègue au-dessous de Guerrara; Mguima.

Scorzonera undulata Vahl. — Rochers calcaires à Becheraïa sur l'Oued Zegrir.

Samolus Valerandi L. — Oasis de Negouça.

Erythræa spicata Pers. — Oasis de Negouça.

Convolvulus arvensis L. — Commun dans les dahias.

Heliotropium undulatum Vahl. — Guerrara.

Anchusa hispida Forsk. — Rochers des environs de Bounoura.

Solanum nigrum L. — Plaine de Foulla près Guerrara; Berrian.

— villosum Lmk. — Plaine de Foulla près Guerrara; Berrian.

Withania somnifera Dunal (*Physalis somnifera* Link). — Jardins du Mzab; Gardaïa.

Linaria fruticosa Desf. — Chebka du Mzab; Oued Adira.

Antirrhinum ramosissimum Coss. et DR. — Chebka du Mzab : Oued Baloh, Oued

Kébeh, Oued Adira, Oued Soudan, Oued Zegrir ; Oued Mzab : Beni Isguen, el Atof, Debaï ; Oued En-Nsa : Couba Sidi Abdallah el Mnéï, Anit el Chebrog ; dans la héicha.

SCROFULARIA Deserti Delile. — Oued Djedi.

VERBENA supina L. — Commun dans la région des dahias : Aïssa ben Baaze, Khéiber, Dahia de Ouargla près Guerrara, Tilremt, etc.

SALVIA lanigera Desf. — Dahia d'Aïssa ben Baaze ; Dahia d'Ouargla près Guerrara.

SALVIA Ægyptiaca L. — Chebka du Mzab : Oued Adira, Oued Maboula ; Oued En-Nsa ; région des dahias.

MARRUBIUM Deserti de Noé ap. Balansa exsicc. (*Sideritis Deserti* de Noé in *Bull. Soc. bot.*) — Chebka du Mzab : Oued Kébeh, Berrian, Oued Adira ; Gardaïa ; El Atof.

TEUCRIUM campanulatum L. — Dahia d'Aïssa ben Baaze.

— Polium L. — Chebka du Mzab ; col de Zembala ; Oued En-Nsa.

STATICE Bonduellii Lestib. in *Ann. sc. nat.* — Dahia d'Aïssa ben Baaze ; Dahia d'Ouargla près Guerrara ; Dahia de Sidi Ali Soltan ; Dahia de Tilremt ; Oued el Atar.

PLANTAGO ciliata Desf. — Guerrara.

— Lagopus L. — Oued el Atar ; oasis de Gardaïa.

— amplexicaulis Cav. — Dahia d'Aïssa Ben Baaze.

— Psyllium L. — Becheraïa sur l'oued Zegrir.

CHENOPODIUM murale L. — Champs de Foulla près Guerrara.

ATRIPLEX dimorphostegia Karel. et Kiril. — Auprès des puits à Khefife.

ECHINOPSILON muricatus Moq.-Tand. — Dahias, oued et bas-fond du Mzab.

HALOCNEMUM strobilaceum M.-Bieb. — Sebkha près Negouça.

SUÆDA vermiculata Forsk. — Héicha de Hadjira (abondant) ; Negouça ; Khefife.

TRAGANUM nudatum Delile. — Guerrara ; plateau près Anit el Moktar ; Eugla de Kkefife.

CAROXYLON tetragonum Moq.-Tand. — Héicha près de Negouça et jusqu'à l'Eugla de Khefife (abondant).

— articulatum Moq.-Tand. — Région des dahias.

SALSOLA vermiculata L. — Beni Isguen ; plateau entre l'oued En-Nsa et Guerrara.

ANABASIS alopecuroides Moq.-Tand. (*Salsola alopecuroides* Delile !). — Rive droite de l'Oued Mzab, constitue le fond de la végétation entre Hadjar Lasereg et Anit el Moktar.

— articulata Moq.-Tand. — Très commun dans le Mzab.

NOÆA spinosissima Moq.-Tand. — Point de partage des eaux à 25 lieues au sud de Laghouat ; Khorba, etc.

CORNULACA monacantha Delile ! — Dans la héicha à Khefife ; Anit el Chebrog ; Guerrara.

AMARANTUS sylvestris Desf. — Champs cultivés des oasis du Mzab.

POLYGONUM aviculare L. — Dahia d'Aïssa ben Baaze.

CALLIGONUM comosum L'Hérit. — Oued En-Nsa : Requeb el Kehal, Anit el Chebrog ; Guerrara ; Anit el Chouikhat.

PASSERINA (Thymelæa) microphylla Coss. et DR. — Oued Adira ; Gardaïa ; Beni Isguen ; Feidj el Naam sur l'Oued Mzab.

EUPHORBIA Chamæsyce L. — Dahia de Aïssa ben Baaze, de Tilremt, de Ouargla près Guerrara.

Euphorbia calyptrata Coss. et DR. — Dahia de Tilremt.

— Guyoniana Boiss. et Reut. — Dune à l'est de Negouça.

— Peplus L. — Oasis du Mzab.

— falcata L. — Dahia de Tilremt.

Crozophora verbascifolia Adr. de Juss. — Oued Mzab vers Chouikhat; Berrian.

Forskalea tenacissima L. — Melika.

Ephedra alata Dcne! — Oued En-Nsa.

Ephedra altissima Desf. ! — Dahia de Talba'ben Zeguir, de Khéiber; redir de Becheraïa sur l'oued Zegrir.

Asphodelus fistulosus L. — Rocailles de l'Oued En-Nsa.

Asparagus horridus L. — Dahia d'Aïssa ben Baaze; Oued Zegrir.

Erythrostictus punctatus Schlecht. (*Melanthium punctatum* Cav.). — Dahia d'Ouargla près Guerrara; Oued Mzab; Khefife; Oued En-Nsa; plateau entre l'Oued En-Nsa et Guerrara.

Scirpus Holoschœnus L. — Environs des puits et lieux inondés du Mzab; Medaguin.

Cyperus rotundus L. — Guerrara.

Pennisetum dichotomum Delile! — Oued Nimel; Oued En-Nsa; redir de Becheraïa sur l'Oued Zegrir.

Andropogon annulatus Forsk. — Oued Mazer.

Stipa tortilis Desf. — Redir de Becheraïa.

— tenacissima L. — Non observé au sud de l'Oued Zebeibija.

Arthratherum pungens P. B. — Dunes entre Negouça et Ouargla.

— ciliatum Nees. — Collines calcaires de la région des dahias (abondant); Oued el Atar.

— plumosum Nees *var*. floccosum. — Mzab.

— obtusum Nees. — Région des Dahias; Dahia d'Aïssa ben Baaze.

Cynodon Dactylon Rich. — Beni Isguen.

Phragmites communis Trin. *var*. Isiacus (*Arundo Isiaca* Delile!). — Dunes entre Ouargla et Negouça.

Parmelia esculenta Spreng. (*Fl. Algér.* crypt. — *Lichen esculentus* Pall. — *Lecanora esculenta* Eversm.). — Abondant dans la Chebka du Mzab; Redir de Becheraïa; Dahia de Talla ben Zeguir, de Boutrekfine, de Deba, de Tilremt, etc.